DESAFÍO DE LA TEORÍA DEL DISEÑO INTELIGENTE

Y La Respuesta De La Metafísica/Teología

Fernando Ruiz Rey

DESAFÍO DE LA TEORÍA DEL DISEÑO INTELIGENTE
Y La Respuesta De La Metafísica/Teología

Por Fernando Ruiz Rey
Médico psiquiatra. Raleigh, NC. USA

EAN 13 - 978-1548083137
ISBN 10 - 1548083135

Fecha de publicación: Junio 12, 2017
Filosofía de la Ciencia

Diseño de portada e interior: Mario A. Lopez

Impreso y encuadernado en Estados Unidos de América.

OIACDI
Organización Internacional para el avance Científico del Diseño Inteligente

INDICE

Introducción

Introducción

El autor nos presenta en esta obra una nueva recapitulación de sus reflexiones en torno al conflicto que presentan algunos teóricos a las teorías del Diseño Inteligente desde posiciones teístas y que viene a completar y enriquecer otros trabajos anteriores suyos sobre el tema. Es comprensible que los autores del campo materialista rechacen las inferencias de diseño que parecen evidentes para el estudioso de la ciencia que carece de prejuicios metafísicos. Es menos entendible que, desde posiciones teístas, no pocos autores se empeñen en desacreditar este tipo de inferencias que, en último término, forman parte de la tradición teísta desde los albores del pensamiento filosófico.

Fernando Ruiz destaca dos planteamiento difícilmente rebatibles. Uno, la existencia de una complejidad funcional y de una indiscutible teleología u orientación a fines en el comportamiento agente de los vivientes. Dos, que la experiencia permanentemente nos ha mostrado que dichos rasgos presentes en el orden natural son siempre originados por una causa inteligente. A partir de estas premisas, analiza con rigor las críticas que, desde algunas tradiciones metafísicas y teológicas se vienen oponiendo al discurso de los autores del movimiento del Diseño Inteligente, la manifestación actualizada al ritmo del conocimiento científico más avanzado del histórico argumento de diseño.

Estas críticas pueden encontrarse tanto entre autores pertenecientes a la tradición aristotélico-tomista como entre autores del ámbito de religiones protestantes y que habitualmente se encuentran en posiciones que se identifican con el concepto de "evolucionismo teísta", un discurso que pretende acomodar el darwinismo más ortodoxo con una perspectiva que desde la fe impone una lectura religiosa a un devenir estrictamente naturalista de los acontecimientos cósmicos.

Fernando Ruiz reivindica con autoridad la necesidad de superar el mecanicismo imperante en la cultura científica de nuestro tiempo y de adoptar perspectivas de causalidad formales y finales como elementos imprescindibles para entender los datos que la investigación pone constantemente ante nuestros ojos. Y es que el problema fundamental que debemos abordar es el problema de la causación, es decir, la reivindicación por parte de algunos teóricos de que todos los eventos naturales deberían poder explicarse suficientemente por las causas secundarias que operan en el orden natural, y que invocar alguna forma de intervención divina en la emergencia de determinadas estructuras finalistas y funcionales en el dicho orden natural supone un error teológico en relación al concepto de creación.

Pero la evidencia científica no puede ser desechada ni preterida por prejuicios metafísicos de corte materialista ni por interpretaciones teológicas de mensaje religioso alguno. La exigencia del reconocimiento de una causalidad inteligente en el origen se nos impone como una deuda a rendir a nuestra condición de seres racionales que, a través de un proceso histórico de estudio e investigación vamos desentrañando poco a poco algunos de los enigmas más intrincados de nuestra existencia. La emergencia de la vida y el desarrollo del as formas vivas y la parición en especial de seres racionales en un momento dado del tiempo constituyen sin duda el más importante de los enigmas que nos asombran. Entender el origen y la causa de nuestra aparición en el cosmos implica poder intuir el sentido y la finalidad de nuestra existencia. Este trabajo de Fernando Ruiz es una invitación a reflexionar sobre ello y a hacerlo con rigor y seriedad buscando honestamente la más razonable de las inferencias a partir de los datos conocidos de la realidad.

Felipe Aizpún Viñes
La Quinta Vía y el Diseño Inteligente

Capítulo I
Desafío de la Tesis del Diseño inteligente

El advenimiento de la Teoría del Diseño Inteligente (TDI) ha constituido un serio y profundo desafío para la ciencia establecida de corte mecanicista, basada en el estudio y mediciones de las acciones de los cuerpos (materia) implementadas por las cuatro fuerzas elementales de la naturaleza (gravedad, electro-magnética, nuclear fuerte y nuclear débil); se trata de acciones específicas inmediatas, sin otra meta más allá de esta especificidad. Pero también la TDI presenta un reto para amplios sectores de la metafísica/teología tradicional, tanto para la de corte protestante, como la del sector católico, primariamente de influencia aristotélico-tomista (AT) (Ruiz, F. Enero 2017, y Junio 2016). La ciencia, especialmente la biología, ha reaccionado a este desafío de la TDI, acentuando la defensa de la proposición del Neodarwinismo que sostiene que la evolución de los seres vivos se ha realizado en forma netamente naturalista, sin ninguna inteligencia –o 'programa'--, que la guíe a metas preconcebidas; esta concepción de una evolución 'no-guiada', se ha extendido al problema de la aparición de la vida en nuestro universo, en la forma de una 'evolución química', totalmente resultante de las leyes naturales conocidas que rigen el comportamiento de la materia. Desde esta perspectiva evolutiva Neodarwiniana, todas las estructuras biológicas son perfectamente explicables y comprensibles como consecuencias de los procesos conocidos por las ciencias naturales establecidas. En la evolución 'no-guiada', además de las simples fuerzas elementales de la naturaleza que condicionan sus leyes, el factor fundamental que hace posible el despliegue de la vida en rica diversificación, es el azar; esto es, la combinación fortuita de elementos simples va construyendo lentamente lo complejo y lo organizado en el seno de la dinámica natural de la materia –genética--, gracias al aumento paulatino de funcionalidad, beneficiosa para la persistencia de la vida –sobrevivencia-, y que son filtrados por el ambiente, por lo que se conoce como 'selección natural'. Pero no es el propósito de este trabajo exponer los pormenores de esta teoría evolutiva, ni las dificultades que enfrentan sus explicaciones y justificaciones, ni tampoco evaluar los pormenores de su estatus científico en la situación de la ciencia contemporánea.

La TDI postula que en biología la ciencia ha mostrado claras estructuras funcionales que están organizadas en forma teleológica; esto significa que numerosos elementos o grupos de elementos químicos forman parte de un conjunto que opera para generar una función biológica particular: estructuras bioquímicas *complejas especificadas* con funciones biológicas (información biológica). Este tipo de organización se puede ejemplifica bien con las proteínas enzimáticas que presentan cadenas plegadas constituidas por distintos aminoácidos con sus acciones propias, que operan en conjunto para generar una acción biológica particular, al ensamblarse de manera precisa con otras estructuras bioquímicas teleológicas receptoras, compatibles para estos efectos; de este modo, se genera la acción funcional biológica de la enzima, que depende de la acción individual de los numerosos segmentos bioquímicos configurados estructural- mente de una manera 'específica', para generar así, la operatividad funcional de las acciones químicas envueltas. A este tipo de estructuras funcionales teleológicas --detectadas claramente por la ciencia en el campo de la biología--, no se le conoce en nuestro mundo actual, otra causa capaz de originarlas que una acción inteligente, con conocimiento y con capacidad de planeamiento y propósito, discernimiento y elección; no se conoce empíricamente ningún otro poder causal con la capacidad de generar estructuras teleológicas complejas; las leyes físicas conocidas, basadas en las cuatro fuerzas elementales de la naturaleza –de acciones simples inmediatas--, no poseen la capacidad de generar estas estructuras complejas organizadas. De esta constatación científica e empírica se infiere una hipótesis/teoría que postula que las estructuras teleológicas biológicas son mejor entendidas como producto de una acción inteligente. Esta propuesta de acción inteligente para la explicación y génesis de las estructuras biológicas teleológicas, implica una agencia inteligente responsable de esta acción, que en la jerga del Diseño inteligente se habla de 'diseñador". Es importante recalcar muy claramente, que la TDI no incursiona en el terreno metafísico/teológico en búsqueda de respuestas al reto que plantea la propuesta de configuración inteligente de las estructuras funcionales biológicas; esta materia no corresponde a la ciencia y a su metodología. La TDI basada firmemente en datos científicos y empíricos, permanece en ese ámbito, pero ofrece un serio desafío a la ciencia tradicional y a la metafísica/teología.

Pareciera que implicar la posibilidad de una 'agencia inteligente' o de un 'diseñador' como responsable de la inteligencia detectada en la estructuración funcional biológica fuera una propuesta perfectamente aceptable para una teología que reconoce a un Dios todopoderoso, Creador del cielo y de la tierra, de tal modo que todo lo existente es necesariamente 'diseñado'. Sin embargo, para sorpresa de muchos adherentes de la TDI, esto no es así; amplios sectores de la(s) teología(s) vigente(s) han reaccionado en forma adversa, aunque es necesario señalar que no todos los teólogos – protestantes y católicos—se han sumado a este rechazo y desdén por la TDI. Este repudio resulta curioso e interesante para los que no somos teólogos, y esta serie de notas que presento, es un esfuerzo realizado para intentar aclarar los motivos y las consecuencias de esta aparente paradójica situación.

En esta serie de artículos me centro fundamental-mente en la reacción de la metafísica/teología de inspiración aristotélico-tomista (AT) al desafío que presenta la TDI al proponer científicamente la presencia de acción inteligente en las estructuras biológicas funcionales. Esta elección se debe a que esta filosofía –muy frecuente en los filósofos/teólogos católicos-- es considerablemente influyente en amplios sectores intelectuales, incluyendo un sector de pensadores protestantes, que viniendo de una tradición distinta, encuentran un terreno común en lo que se refiere a la "intervención de Dios" en su Creación. Para muchos filósofos/teólogos de la metafísica AT, las 'intervenciones directas' de Dios en los procesos ordinarios del mundo, no ocurren, porque Dios creó las 'causas segundas' para estos efectos, de manera que el mundo se desarrolle en forma autónoma. Esta concepción de la autonomía de la causalidad en la naturaleza, es hoy en día generalizada y también ecuménica –aunque no en forma absoluta--, y alienta el rechazo de la TDI –a la que se interpreta erróneamente como proponiendo intervenciones directas de Dios en la historia del mundo natural; pero repitiendo, la TDI no entra en elaboraciones metafísico-teológicas, solo señala la presencia de configuraciones biológicas que son mejor explicadas por una acción inteligente. El cómo, el cuándo, y el quién es responsable de esta acción inteligente detectada por la ciencia biológica constituye el desafío de la TDI al paradigma mecanicista de la ciencia y a la metafísica-teología. (Ruiz, F. Enero 2017)

En el próximo capítulo comenzaremos la exploración de la metafísica/teología AT, revisando la posición de Edward Feser frente a la TDI, un conocido e influyente filósofo contemporáneo de los EEUU, profesor en Pasadena City College.

Bibliografía:

Ruiz Rey, Fernando (Enero 8, 2017). La ciencia y la Teoría del Diseño Inteligente. OIACDI. También en Sección Libros de Darwin o Diseño Inteligente (OIACDI):
http://www.darwinodi.com/libros/

Ruiz Rey, Fernando (Junio 10, 2016). Hilomorfismo. De la Teleología al Diseño Inteligente en Biología. OIACDI. También en Sección Libros de Darwin o Diseño Inteligente (OIACDI):
http://www.darwinodi.com/libros/

Capítulo II
Bosquejo de la Metafísica/teología neo-tomista

El espectro de las posturas teóricas de la metafísica/teología frente al desafío planteado por la Tesis del diseño inteligente (TDI), es amplio y variado en matices y énfasis. Como ya he mencionado anteriormente, he considerado que en estas condiciones resulta más claro concentrarse en una posición particular, y he elegido la metafísica/teología Aristotélico-tomista (AT) por su influencia, particularmente en el mundo hispano hablante. Debo repetir antes de continuar, que dentro de esta amplia gama de reacciones frente a la TDI, se encuentran numerosos autores, e incluso algunos que, aunque pertenezcan a una tradición metafísico-teológica AT, no concuerdan con el rechazo de la TDI.

Pienso que la tesis del neo-escolasticismo aristotélico-tomista (AT), particularmente como lo hace, el conocido profesor Edward Feser, es una postura bien articulada y presentada con fuerza en sus libros y numerosos artículos, y especialmente en los debates que ha sostenido con simpatizantes de la TDI, en su Blog personal; por esto he elegido su presentación de esta metafísica y su crítica a la TDI. (Feser, E. Blog.)

Básicamente este filósofo rechaza la TDI, especialmente porque considera que los supuestos de esta tesis no permiten elevarse para alcanzar un nivel metafísico que permita demostrar la existencia del Dios teísta tradicional.

Para entender adecuadamente esta crítica tenemos que estar muy claro que está basada en una visión metafísica de la realidad del mundo, y por tanto, es diferente a la perspectiva científica –desde la cual se levanta la TDI--, que está constreñida por sus métodos de constatación empírica y constante elaboración teórica para entender la dinámica de la realidad; realizada fundamentalmente por la matematización de las relaciones estudiadas. Esta visión científica de la realidad, es sin duda parcial e incompleta, por útil y dramático que sea el manejo que la ciencia permite de la naturaleza. Es conveniente entonces revisar, aunque sea muy esquemáticamente, la tesis metafísica aristotélica-tomista (AT), para sopesar apropiadamente el alcance de las críticas del Prof. Feser, y sus consecuencias.

La tesis metafísica de Aristóteles postula que los 'objetos naturales' están constituidos primariamente por dos principios metafísicos íntimamente unidos -- dependiendo el uno del otro--, constituyendo de esta manera, la 'substancia', el "ser" que es ese objeto natural. Estos principios son la "forma" y la "materia prima", no son visibles, son inferidos holísticamente desde la "substancia" que conforman, que tampoco es accesible a los sentidos, sino que a la reflexión y a la inferencia de lo percibido. Estos principios no se pueden entender el uno sin el otro, solo serían abstracciones; al concebirlos en una unidad substancial, la 'forma' es la 'forma substancial' instanciada por la 'materia prima', que pasa a ser la 'causa material' del objeto natural. La forma substancial de un objeto le otorga sus características esenciales, y así constituye su "esencia", esto es, la base metafísica subyacente de sus propiedades y poderes causales. La forma substancial de un objeto natural viene a ser la 'causa formal'. (Feser, E. 2015; 2)

Los objetos naturales se desarrollan y actúan, lo que indica que su base metafísica --la 'substancia'--, cambia, lo que es posible gracias a los *cuatro poderes causales* reconocidos por la metafísica aristotélica. Estas cuatro causas son: la 'causa formal' que como vimos viene a ser la forma substancial que constituye la substancia, y que le otorga sus propiedades y poderes; la 'causa material' resultante de la materia prima conformada por la forma, y otorga unicidad concreta al objeto natural; la 'causa eficiente', responsable de los cambios y movimientos de la substancia; y la 'causa final' aporta la meta a la que llevan los cambios y movimientos. La causa formal es la rectora de las causas que funcionan todas en forma integrada.

Santo Tomás de Aquino en el Siglo XIII, adopta la metafísica aristotélica bajo conceptos cristianos (Síntesis de Santo Tomás Aquino), destacándose el reemplazo de la concepción eterna del mundo del filósofo griego, por la concepción cristiana de un mundo creado por Dios. De esta manera los principios metafísicos de "forma" y "materia" pasan de ser eternos a ser creados, a tener su origen y subsistencia en la voluntad y el poder de Dios. La causa formal que sostiene las otras causas, particularmente la causa final y la causa eficiente, es nutrida por Dios, y es considerada como una 'idea ejemplar' en la mente de Dios. De este modo se puede entender adecuadamente la causa final responsable de la meta para los cambios, implementados por la causa eficiente. En Aristóteles, la causa final era inmanente a la naturaleza –eterna--, en otras palabras, la causa final era, simplemente lo que era; pero de esta manera resulta ininteligible la causa final, porque cómo puede haber una meta concreta sin que todavía exista el objeto que se intenta alcanzar, no teniendo los objetos naturales ninguna mente que pueda pensar –imaginar--, una meta con un objeto todavía no existente. Con la concepción de Santo Tomás del principio metafísico de 'forma', como idea ejemplar de Dios, el objeto de la meta de la causa final se encuentra en la forma substancial del objeto natural. Además, de esta manera se concibe a Dios no solo como creador del mundo y sus características, sino que también como la Divinidad que mantiene su Creación constantemente con sus propiedades y potenciales. De este modo, se tiene un 'teísmo', esto es, un Dios actuando atentamente en el mundo, en forma continuada, y no un 'deísmo': un Dios que crea y deja al mundo correr por su propia cuenta.

La tesis metafísico-teológica de la tradición neo-escolástica constituye una interesante explicación conceptual de lo que es básicamente un objeto natural percibido por los sentidos, de su funcionamiento y de su dependencia en Dios para realizarse teleológicamente, con meta y sentido –para ser lo que es por naturaleza; en otras palabras, para dar cuenta de la inteligencia envuelta en su constitución y en su conducta. No es entonces de extrañar que los filósofos y teólogos como el Profesor Feser, consideren la 'filosofía de la naturaleza' –concepción filosófica, particularmente aristotélico-tomista, de los objetos naturales --, como la base por excelencia para realizar una 'teología natural', que intenta demostrar racionalmente la existencia de Dios a partir del mundo que conocemos; una prioridad filosófica-teológica para estos intelectuales.

Espero que con este breve repaso de la tesis aristotélico-tomista se pueda entender mejor la crítica formulada por el Profesor Feser. En el próximo capítulo continuaremos explorando este tema.

Bibliografía:

Feser, Edward. Blog Personal.
http://www.edwardfeser.com/articles.html

Feser, Edward (2015). Neo-Scholastic Essays. St Augustine's Press.

Capítulo III
El mecanicismo no ofrece el substrato conceptual para realizar la Quinta Prueba de la existencia de Dios de Sto. Tomás de Aquino

El Profesor Feser y los filósofos y teólogos de la tradición aristotélico-tomista (AT), recurren naturalmente a las pruebas que desarrolló St. Tomás de Aquino para probar la existencia de Dios. Estas pruebas son cinco, de las cuales ha perdurado con más relevancia la Quinta Prueba, con un análisis que se sustenta en la teleología inmanente que se encuentra en todos los objetos naturales. Esta teleología es por tanto, de particular importancia para los filósofos y teólogos que muestran especial preocupación en la demostración racional de Dios, entre otras razones, porque también así se pueden validar racionalmente otros aspectos importantes para la teología. Estas pruebas se basan en la concepción metafísica de los objetos naturales, porque como ya hemos visto, la perspectiva metafísica es considerada por estos filósofos, como más completa y sólida que los conocimientos aportados por las disciplinas científicas propiamente tales (física, química, etc.); la metafísica proveería las precondiciones necesarias que hacen posible las ciencias. De este modo, la metafísica constituye el tema fundamental del que se preocupa la teología, y también la filosofía de la naturaleza. (Feser, E., 2015; 4, 1)

La argumentación básica de la V Prueba, está conectada con la teleología, que se encuentra en los objetos naturales, incluso –de acuerdo con esta metafísica AT--, la muestran aquellos movimientos simples generados por la causa eficiente, como lo reflejan las fuerzas elementales de la naturaleza; porque si no fuera así, no se tendría constancia en sus efectos, estos ocurrirían al mero azar. Como ya hemos visto, la causa final de la teleología implica que para dirigirse a una meta especifica, hay que saber de antemano a dónde dirigirse, y los objetos naturales no poseen una mente que dirija sus acciones, excepto el ser humano. Este problema como ya lo hemos mencionado, se solucionó postulando que la dirección de la causa final –la 'tendencia hacia'--, proviene de la "forma" –forma substancial--, que soporta la causa final, y esto es posible, porque la "forma" es originada por una inteligencia externa al objeto natural, Dios. Además, como la causa final acompaña los objetos naturales durante toda su existencia, Dios tiene que continuar apoyando constantemente la 'forma' que sostiene la causa final, y asimismo mantiene su existencia para que junto con la materia constituyan la forma substancial de los objetos naturales; para Dios esto es posible, porque su esencia (forma) es igual a su existencia, son lo mismo, y puede así dar esencia y existencia a la forma, y también a la materia prima. Con esta Prueba se confirma el teísmo (Dios envuelto en la mantención de su Creación) y se descarta el deísmo, y también se elimina el panteísmo (la naturaleza no es parte de Dios, sino su Creación, Dios y su Creación son seres distintos). Es fácil apreciar que la elección de la arquitectura conceptual de la filosofía natural de tipo AT es altamente conveniente para lograr el objetivo de la teología natural; basta solo seguir la teleología inmanente de los cuerpos naturales para llegar finalmente a Dios sin tropiezo alguno, porque Dios es el apoyo absolutamente necesario para sustentar la comprensión racional de los objetos naturales y su comportamiento; y de este modo se prueba también, racionalmente la existencia ineludible de la Divinidad. Las otras cuatro Pruebas de la existencia de Dios, no creo que sea relevante esbozarlas en este artículo, solo menciono que todas están basadas en la concepción metafísica AT de los objetos naturales, y sus argumentos se entrecruzan.

La Quinta Prueba no es posible de realizarse en base a la concepción mecanicista del mundo propia de la ciencia, que se gesta en la Revolución científica del Siglo XVII. En este movimiento, se modifica la filosofía natural AT vigente en ese entonces para entender los objetos naturales y su comportamiento, se elimina la causa formal y la causa final de esta concepción metafísica por no ser observables ni medibles--, para dejar solo la causa eficiente y la causa material, que pronto también se elimina del cuadro de la física moderna que nace en ese entonces, por considerarse 'metafísica'. De este modo la ciencia moderna cuenta solo con la causa eficiente, pero desvinculada de su origen en la "forma substancial", y sin la meta ni la dirección que le otorgaba la causa final. Se reconocen pronto propiedades inherentes de la materia –concepto no ajeno a la metafísica AT--, en forma de fuerzas, primero de la fuerza de gravedad, luego la fuerza electromagnética, y en el último tiempo, se agregan las fuerzas nucleares, mayor y menor. La concepción corpuscular que se adoptó inicialmente para explicar la constitución material de los cuerpos, se desarrolla para ser reemplazada posteriormente por las moléculas, los átomos y, últimamente por las partículas subatómicas. La perspectiva científica mecanicista del mundo que domina la física moderna --y con modificaciones, la física contemporánea--, y con ellas las otras ciencias de la naturaleza, no ofrece un terreno conceptual adecuado para la argumentación de la Quinta Prueba de la existencia de Dios de la teología tradicional, ya que carece de la estructura teleológica intrínseca de los objetos, que lleva fácil y coherentemente a probar la existencia necesaria de Dios. La concepción metafísica AT de los objetos naturales, está íntimamente conectada con Dios, no así la materia y las fuerzas elementales que estudia la física; básicamente, esta ignora la naturaleza íntima de la materia, y el fundamento y origen primario de su comportamiento; solo mide su externalidad, sus interacciones y su lógica. Desde esta perspectiva mecanicista, las cosas del mundo están desposeídas de unidad inherente, y pasan a ser como meras máquinas constituidas por partes ensambladas, operando gracias a los simples y miopes efectos de las fuerzas elementales de la naturaleza.

La TDI surge y permanece en el campo de la ciencia, y esto significa que detecta y analiza las estructuras biológicas de orden teleológico siguiendo los pasos de la bioquímica, y naturalmente la bioquímica se ha movido dentro del paradigma mecanicista de la ciencia (con el aporte de la TDI --configuración inteligente de las estructuras bioquímicas--, esta disciplina se complementa 'formalmente' con la TDI para lograr las funciones biológicas). Esto ciertamente denota que la TDI se basa en el mundo mecanicista de las acciones químicas, para detectar el orden teleológico de las configuraciones bioquímicas; esta descripción teleológica es una descripción extrínseca de estas configuraciones, en nada tiene ver con la concepción AT de la teleología intrínseca que hemos venido tratando. De manera que las críticas de los filósofos y teólogos que comparten la visión del Profesor Feser, son acertadas en el sentido que la TDI es una tesis científica que emerge de la ciencia, pero no se percatan que esta tesis, abandona el mecanicismo al describir una organización inteligente de las estructuras teleológicas biológicas; esta descripción es obviamente diferente a la conceptualización ofrecida por la filosofía de la naturaleza AT. Estos intelectuales sostienen que desde esta perspectiva mecanicista científica –extrínseca--, no se puede elevar la racionalidad para alcanzar un nivel metafísico profundo y sólido que conduzca a un Dios fuera del orden natural. El Profesor Feser considera que la TDI operando desde el mecanicismo solo puede llegar a considerar a un 'diseñador' de estas estructuras; a un agente externo que impone un ordenamiento 'desde fuera' de las cosas, a un artífice poderoso, a un demiurgo, a un agente de inteligencia mayúscula antropomórfica, pero no a un Dios que crea dando origen y propiedades esenciales a los objetos (uniendo la esencia y con la existencia para generar la substancia del objeto natural). Desde la perspectiva mecanicista, sostienen estos autores, no es posible lograr visualizar racionalmente a Dios como un ser con simplicidad – idéntico a sus atributos (inteligencia, bien, bondad, etc.)--, que es acto puro (capaz de actualizar las potencias que se encuentran en los objetos naturales), inmutable y eterno; un Dios que consideran consistente con el presentado por el teísmo clásico.

Sin embargo se debe puntualizar que la TDI no es una metafísica ni una teología, ni intenta probar la existencia de Dios, por tanto no especula acerca de la naturaleza del posible agente responsable de estas configuraciones teleológicas, ni tampoco cómo se realizó este fenómeno. Pero lo que sí es claro, que la TDI plantea un serio desafío a la teología, ya que con la detección de acción inteligente en el campo de la ciencia, esto es, la presencia de configuración bioquímica estructural inteligente que explica una acción biológica, se implica sin duda alguna, un propósito, una meta de esta configuración. El diagnóstico de configuración especificada para una acción biológica, es empírico, sigue evidencias de la ciencia, no puede descartarse de un plumazo sin dar cuenta de su presencia y sus implicaciones, si se quiere evitar caer en una profunda insuficiencia metafísico/teológica, ignorando un fenómeno claramente tangible que necesita ser complementado coherentemente desde supuestos metafísicos-teológicos. Es oportuno señalar que el Profesor Feser (2015; 2, IV) usa en su crítica de la TDI una concepción probabilística de complejidad en el diagnóstico de diseño, que según su opinión debe recurrir –en ese mundo mecanicista--, a analogías para elevarse racionalmente más allá de lo material. En este sentido, es efectivo que se han utilizado argumentos probabilísticos para detectar diseño inteligente en el campo de la concepción contingente mecanicista de la ciencia, pero el resultado de estos análisis probabilísticos debe complementarse necesariamente con la inferencia de diseño que recurre al 'poder causal' –inteligencia- capaz de generar la configuración "especificada" de las estructuras complejas detectadas probabilísticamente; esto – "especificación"--, significa, con sentido semántico o función específica biológica, que no son susceptibles de ser explicadas por las leyes naturales conocidas. En otras palabras, no basta solo el cálculo de probabilidades para diagnosticar diseño, las probabilidades diagnostican complejidad, pero la especificidad de la complejidad es resultado de una inferencia causal; la única causa conocida en nuestro mundo capaz de generar estructuras teleológicas semánticas o funcionales es una acción inteligente. La TDI pasa del nivel mecanicista de las acciones químicas, al nivel formal de la configuración teleológica inteligente de estas acciones químicas para hacer posible las funciones biológicas: información biológica. (Ruiz, F. Enero, 2917; I, VII)

La configuración inteligente de estas estructuras, sus características y su origen, ya no son posible de reducirse a la dinámica de la materia física, y sus simples leyes de un "tira" y "empuja" –acciones químicas--, requieren de una explicación que trasciende más allá de lo conocido en el campo de la ciencia mecanicista; sin embargo, el Profesor Feser, relega la TDI al reino del mecanicismo, cuando en verdad lo supera: ¿Cómo es esta configuración inteligente posible? He aquí el desafío de la TDI a la metafísica/teología, y naturalmente también a los paradigmas de la ciencia tradicional.

En el próximo capítulo revisaremos otra crítica de la metafísica AT a la TDI, formulada por un prestigioso y conocido autor del mundo hispano hablante.

Bibliografía:

Feser, Edward (2015). Neo-Scholastic Essays. St Augustine's Press.

Ruiz Rey, Fernando (Enero 8, 2017). La ciencia y la Teoría del Diseño Inteligente. OIACDI. También en Sección Libros de Darwin o Diseño Inteligente (OIACDI): http://www.darwinodi.com/libros/

Capítulo IV
Incapacidad de la TDI y del Neodarwinismo de resolver 'aporías' metodológicas para explicar la complejidad especificada

Otra crítica desde la concepción metafísica aristotélico-tomista (AT), que es importante mencionar por la importancia y prestigio de su autor, en el público hispano hablante --Profesor Santiago Collado (2011; 2015) (CRYF, Universidad de Navarra)--, apunta a que la TDI falla, desde el punto de vista metodológico, para abordar y solucionar el problema ("dilema" o "aporía") que esta teoría señala en la tesis neo-darwiniana para explicar las estructuras biológicas complejas especificadas. Concretamente en esta crítica se argumenta que la TDI intenta resolver esta aporía –dificultad--, usando, tal como la tesis neodarwiniana lo hace, supuestos mecanicistas –extremados--, y, de este modo, tampoco la resuelve. Para realizar el análisis crítico, el Prof. Collado recurre a un marco conceptual más ancho que el de la ciencia --en donde operan estas dos tesis--, para así poder iluminar la situación desde un nivel ontológico y epistemológico más amplio. De este modo, el autor intenta demostrar que la polémica que sostienen estas teorías, se sustenta básicamente en los supuestos metodológicos mecanicistas que las alimentan, y no en creencias religiosas o científicas propiamente tales. Ambas teorías, la TDI y la tesis neodarwiniana, son metodológicamente cercanas, y ninguna de las dos da cuenta coherente del problema señalado por la TDI: explicación de la complejidad especificada.

El Profesor Collado destaca que el conocimiento que ofrece la ciencia es limitado a una parcela de la realidad, por sus métodos y su propósito de lograr el manejo y control experimental de los objetos que estudia. En cambio, la filosofía intenta abarcar en sus análisis, los diversos aspectos de la realidad, de tal modo que la síntesis de estos estudios consigue una perspectiva global de ella, que en la metafísica tradicional se caracteriza como 'el estudio del ser en cuanto ser', con el propósito de encontrar 'la verdad en cuanto verdad' de la realidad. Con esta descripción introduce el uso de la metafísica AT para el análisis que se propone. Y en este sentido recurre a la teoría de las 'cuatro causas' de Aristóteles, que estudia las causas de todo movimiento y cambio que muestran los objetos naturales; y de este modo, esta teoría apunta a la esencia del conocimiento de la realidad. La teoría metafísica AT –para nuestro autor--, ofrece el marco adecuado para el análisis de la confrontación de la TDI con la tesis neo-darwiniana.

Ya hemos revisado anteriormente la teoría de las cuatro causas de la metafísica AT, aquí solo recordaremos que la causa final tiene una importancia particular al dirigir las acciones eficientes a una meta específica. Las acciones de las mera causas eficientes, operan --según este acercamiento del Profesor Collado-- de una manera simple, mecanicista, a un nivel ontológico inferior, generando efectos comprensibles con causalidad ascendente (bottom-up). En cambio, las acciones guiadas por la causa final, sí pueden remontarse a niveles ontológicos más altos, generando complejos en los que predomina la organización y la causalidad descendente (top-down), Las cuatro causas operan en armonía, la causa final no puede ser reducida a las meras causas eficientes, y es la responsable de la creciente complejidad observada en los objetos naturales.

Los objetos naturales muestran niveles estructurales diferentes, átomos, moléculas, células, etc. como consecuencia de las cuatro causas operando conjuntamente; estos niveles son ontológicos, no son meramente epistemológicos. El Prof. Collado (2011) explica que en este modelo de niveles ontológicos, se considera que cada nivel inferior opera como "materia" del nivel más alto del que forma parte, y que opera como su "forma"; de esta manera, se conforma una estructuración ontológica jerárquica en las cosas complejas. Se trata entonces de un modelo que aplica una concepción hilomórfica aristotélica en la constitución progresiva y jerárquica de la complejidad de los objetos naturales, particularmente de los seres vivos. Esta concepción aristotélica de la noción de "forma", implica la irreductibilidad de un nivel ontológico superior a uno inferior.

El Profesor Collado explica que la efectividad de una ciencia en lograr el control experimental del objeto que estudia, dependerá en parte de la correlación entre el nivel epistemológico en que esté colocada esta ciencia, y el nivel ontológico en que se encuentra el fenómeno (o fenómenos) que intenta estudiar y explicar. Todo análisis científico recurre a una simplificación que se corresponde con las nociones empleadas y al nivel en que se esté realizando, lo que implica una reducción en nuestro entendimiento de la naturaleza al nivel en que opera la ciencia. Esta simplificación metodológica es necesaria y suele conseguirse mediante ensayo y error, y no se debe caer en un reduccionismo que intente explicar y estudiar otros niveles ontológicos con las herramientas usadas en un nivel diferente.

Se cae en un "materialismo" en este modelo hilomórfico de niveles ontológicos --explica el Profesor Collado--, cuando se estudia un nivel ontológico más alto –'formal'-- con los métodos utilizados en un nivel inferior –'material'. El análisis realizado por las teorías materialistas es típicamente ascendente (bottom-up). En lo que se refiere al 'mecanicismo' –una expresión del materialismo--, este autor lo ejemplifica con un artefacto, que es un ensamblaje de partes diferenciadas, carentes de causa final y de causa formal intrínsecas. El Prof. Collado sostiene que cuando esta concepción mecanicista se proyecta a un sistema natural –biológico--, se buscan en él, partes ensambladas; de este modo se está incurriendo en un reduccionismo materialista. Es importante comentar a propósito de esta caracterización del mecanicismo del Profesor Collado, que un artefacto no es el producto de las fuerzas naturales de sus componentes, ni de las leyes que rigen el comportamiento, sino que es el resultado de una acción inteligente –con propósito y meta--, que compaginó sus partes integrantes, considerando sus características naturales, para lograr una función específica; simplemente, un artefacto es un objeto diseñado inteligentemente por un ser humano. La TDI por su parte, detecta una configuración teleológica funcional biológica siguiendo los estudios bioquímicos, de igual modo como cuando examinamos una bicicleta y nos percatamos que tiene una configuración teleológica funcional, que solo puede explicarse como producto de una acción inteligente. Ciertamente los artefactos no son objetos naturales, pero eso es otra consideración.

El profesor Collado usa la Complejidad Irreducible (CI) descrita por Michael Behe para realizar su análisis crítico de la TDI. Es importante por tanto explicar que la Complejidad Irreducible se refiere a una estructura biológica teleológica compleja especificada (CE), y esto significa que tiene una configuración particular para realizar funciones biológicas específicas; todas las estructuras teleológicas funcionales biológicas son de complejidad especificada, contienen información biológica para generar funciones determinadas, pero no todas las CEs cumplen con los requisitos de una CI.

(Ruiz, F., 1017; 7) El concepto de Complejidad Irreducible requiere conocer todas las partes interactivas integrantes de un sistema para poder determinar que al remover una de ellas, cesa de funcionar; esta es la característica definitoria de la CI. En cambio, en una CE no se necesita perentoriamente conocer todas las partes componentes del sistema para asegurar que es una complejidad que nuestra 'especificidad' funcional, puede ser suficiente conocer una sección del sistema para hacer el diagnóstico; esta situación facilita la investigación para encontrar las partes aún no conocidas de un sistema con complejidad especificada. La especificidad de las estructuras teleológicas biológicas se refiere a información funcional, de modo que una alteración de esta información, puede alterar la función o eliminarla. De manera que los dos tipos de complejidades –CI y CE--, son especificadas; la conceptualización de la CI es un modo muy claro para mostrar que estas estructuras no son posibles de haberse generado paso a paso –pieza a pieza--, como lo propone la teoría Neo-darwiniana. (Ruiz, F. 2017; 1, 2)

El análisis crítico que realiza el Profesor Collado (2011) muestra que el Neo-darwinismo explica un nivel superior biológico –estructuras teleológicas especificadas—, utilizando mecanismos de niveles inferiores –efectos beneficiosos derivados de mutaciones y de recombinaciones genéticas--, filtrados por la selección natural para generar paulatinamente las estructuras complejas con este proceso; sin contar para nada con causa final alguna para lograrlas. Esta tesis neo-darwiniana incurre en un 'materialismo' 'mecanicista' que no respeta los niveles ontológicos, que se observan claramente en biología.

En lo que se refiere a la TDI, el Profesor Collado se centra en su análisis crítico en la Complejidad Irreductible propuesta por el bioquímico Michael Behe. Para este propósito utiliza una cita de este investigador en la que señala que la función biológica de las "máquinas moleculares", estudiadas en bioquímica, es necesaria para mantener las células operando adecuadamente; y comenta también, otra cita del mismo autor, en la que estipula que es necesario conocer todos los componentes – bioquímicos o biológicos--, que integran un sistema funcional, para poder hablar de la TDI –Complejidad Irreductible. El Profesor Collado concluye de estas citas, que los autores que apoyan la TDI "piensan que hay un nivel privilegiado desde el cual la vida puede ser explicada –el nivel de las biomoléculas--, y que tenemos un método casi perfecto y claro para estudiarlo"; este método es el bioquímico, y de ahí, de este nivel inferior y primario, se describen las complejidades de niveles ontológicos superiores; aún las de más alta complejidad se pueden explicar en términos de los procesos que ocurren en el nivel inferior. El Profesor Collado también comenta otra cita de Behe en la que enfatiza que los procesos bioquímicos moleculares deben incluirse para entender adecuadamente las funciones como, la visión, la digestión, la inmunidad; lo que es naturalmente perfectamente razonable, pero la conclusión del Profesor Collado es, que desde los niveles inferiores se entiende lo superior, y la vida misma. De este modo los niveles superiores no contribuirían en modo alguno al salto ontológico que implican las explicaciones de la TDI, solo una complejidad que es reducible a lo mecánico inferior. Y, he aquí, nos dice el Profesor Collado, la aporía de la TDI se hace evidente, se asumen niveles mecanicistas, y luego se introduce la tesis de acción inteligente para explicar lo teleológico: un salto de nivel ontológico, con una inconsistencia metodológica que revela una hendidura conceptual. De manera que tanto la tesis neodarwiniana y la TDI operan en el campo del mecanicismo en biología, ninguna de las dos es capaz de dar cuenta de los niveles ontológicos superiores. El neodarwinismo no está en condiciones de demostrarlo en este momento, y la TDI simplemente se salta la aporía invocando una acción inteligente.

En el próximo capítulo seguiremos con un breve análisis de estas críticas a la TDI formuladas por el Profesor Collado, aunque nos desviemos un poco del tema de esta serie de artículos. Pero he considerado importante abordarlas para dejar lo más claro posible lo que propone esta tesis, y cuál es su desafío a la metafísica/teología.

Bibliografía:

Collado, Santiago (2011). Evolucionism vs Intelligent Design: Aporia and Method. En: Science and Faith with Reason; Creation, Life and Design. Chapter: 9. Jaume Navarro. MPG Books Group. UK. 2011.

Collado, Santiago (Julio, 2015). Teoría del Diseño Inteligente (Intelligent Design).
http://www.philosophica.info/voces/diseno_inteligente/Diseno_inteligente.html#toc13er

Ruiz Rey, Fernando (Enero 8, 2017). La ciencia y la Teoría del Diseño Inteligente. OIACDI. También en Sección Libros de Darwin o Diseño Inteligente (OIACDI): http://www.darwinodi.com/libros/

Capítulo V
Niveles ontológicos y mecanicismo

Como decía al terminar el último capítulo, creo oportuno revisar las interesantes y oportunas críticas que el Profesor Collado (2011, 2015) formula a la TDI, para clarificar la propuesta de esta tesis y el desafío que presenta a la ciencia y a la metafísica/teología. Comienzo señalando nuevamente que la inferencia de una acción inteligente para explicar la 'especificidad' de las estructuras complejas, particularmente de las biológicas, se deriva empíricamente de la constatación de un orden teleológico en estas estructuras funcionales, y de la constatación también empírica de que el único poder causal conocido en la génesis de este tipo de configuraciones funcionales es una acción inteligente. (Ruiz, F. 2017; 1) De manera que el paso del nivel mecanicista de la bioquímica, que estudia y describe científicamente el orden teleológico de estas estructuras funcionales especificadas, al nivel del poder causal de la inteligencia en la configuración de las estructuras biológicas, no es un salto antojadizo, ni probabilístico; sino que es un paso indispensable para comprender   coherentemente   las   funciones bioquímicas de los procesos biológicos que dependen necesariamente de la configuración de las estructuras teleológicas; la TDI viene a ser una meta teoría que otorga consistencia y coherencia a los estudios bioquímicos con la 'especificidad' estructural, responsable de la operatividad funcional de las acciones químicas de los objetos que estudia. La TDI es el resultado de una inferencia que sigue la ciencia y las evidencias; y en ningún momento se asume *a priori* la presencia de inteligencia en lo natural. Se trata claramente de una 'inferencia' de un poder causal, ampliamente usado y conocido por los seres humanos, como el único capaz de explicar las estructuras funcionales teleológicas: una acción inteligente. La propuesta de la TDI de una acción inteligente para explicar y comprender las funciones de estas estructuras biológicas, supera el mecanicismo que describe las acciones químicas de las estructuras funcionales teleológicas, y constituye un genuino desafío para la ciencia y para la filosofía. Repitiendo lo ya dicho anteriormente, la TDI no entra en especulaciones metafísicas ni teológicas acerca de la 'agencia' responsable de la acción inteligente en las estructuras biológicas, ni tampoco recurre a una concepción metafísica de los objetos naturales para elaborar ni fundamentar su tesis. La elaboración metafísica en torno al desafío planteado por la TDI, es responsabilidad de la metafísica/teología, si quiere encontrar compatibilidad y relevancia con los avances de la ciencia contemporánea.

Agrego un comentario más a propósito de la conclusión que extrae el Profesor Collado de la lectura de las citas que hace de Michael Behe; esto es, que del nivel inferior –bioquímico--, se comprenden los niveles superiores de los seres orgánicos; en palabras del autor: "Behe está apoyando claramente una perspectiva meramente analítica y estrictamente mecánica." (Collado S, 2011;9:181) Lo primero que se debe decir es que no se tiene un conocimiento adecuado de ninguna función de un ser vivo, si no se conoce el funcionamiento del substrato bioquímico que la sostiene; pero para entender este nivel inferior no basta conocer las interacciones atómicas y moleculares –mecanicismo--, en otras palabras no es suficiente conocer las leyes fundamentales de la química para comprender coherente y adecuadamente las funciones biológicas. Las funciones biológicas son el resultado de numerosas acciones químicas, configuradas específicamente para esos efectos, son configuradas inteligentemente. El organismo en su totalidad es un conjunto jerárquico de estructuras teleológicas imbricadas para un fin, el sostener la vida del ser vivo. La TDI no quiebra ni abandona la metodología 'mecanicista', la complementa para ampliar coherentemente la comprensión del material que estudia; esto no significa un abandono de la ciencia, sino simplemente un enriquecimiento de la ella para estudiar y comprender los fenómenos biológicos como corresponde, y siguiendo las evidencias. El Profesor Collado apunta que la TDI transgrede el naturalismo metodológico, que considera propio de las ciencias naturales, con lo que esta tesis perdería su estatus científico; la TDI supera esta norma que reduce las explicaciones científicas solo a factores materiales con tendencia al materialismo ontológico del que recibe inspiración y vigor, para invadir terminantemente todas las ciencias, e incluso la cultura misma. La TDI al incorporar la acción inteligente en ciencia, la más evidente de las acciones causales para los seres humanos, sin abandonar el terreno de las explicaciones 'naturales' intramundanas, neutraliza el dogmatismo materialista –rompe el reduccionismo de esta ideología--, y abre nuevos senderos a la investigación y comprensión de los fenómenos biológicos. (Ruiz, F. 2017; VII) Tampoco es justo concluir que este supuesto 'mecanicismo' apuntado por el autor, revela el 'materialismo' en la concepción de la vida de la TDI; esta tesis es específica a la configuración teleológica de las estructuras funcionales biológicas y su ordenamiento a una meta común: proveer el soporte que permite la vida del organismo. El reconocimiento de una acción inteligente en la naturaleza --como la estudia la ciencia con la TDI--, rompe precisamente el reduccionismo materialista que intenta imponer en ella, una cadena generada por las simples leyes naturales sin dirección fuera de su especificidad inmediata, y la irracionalidad del azar, para explicar la aparición de la vida y su despliegue en la tierra.

La TDI no pretende explicar la exquisita complejidad que presenta un organismo viviente, ni lo que en última instancia es la vida, que ese substrato bioquímico hace posible; estos son temas que permanecen abiertos, por un lado a la ciencia y, por otro, a la metafísica/teología y a la religión. Los comentarios que hace el Profesor Collado, y el modelo ontológico que presenta, son interesantes, pero sus conclusiones son apresuradas, y no concorde con el desarrollo de la TDI.   Las críticas formuladas a la TDI por el Profesor Feser y el Profesor Collado apuntan fundamentalmente a que esta tesis peca de mecanicismo, que no permite remontarse a niveles metafísicos adecuados para realizar la Quinta Prueba, y además, salta antojadiza y convenientemente a proponer una acción inteligente para explicar las estructuras complejas 'especificadas'.

Hemos visto que estas críticas no son correctas, y no se atienen adecuadamente a la propuesta de la TDI. En el próximo capítulo veremos uno de los más frecuentes argumentos que frenan la aceptación de la TDI para muchos adherentes de la metafísica AT, una crítica formulada en relación a las intervenciones de Dios en su Creación. Es importante recalcar desde ya, que no todos los simpatizantes de esta metafísica tradicional comparten la validez de la aplicación de este argumento para rechazar la TDI.

Bibliografía:

Collado, Santiago (2011). Evolucionism vs Intelligent Design: Aporia and Method. En: Science and Faith with Reason; Creation, Life and Design. Chapter: 9. Jaume Navarro. MPG Books Group. UK. 2011.

Collado, Santiago (Julio, 2015). Teoría del Diseño Inteligente (Intelligent Design).

http://www.philosophica.info/voces/diseno_inteligente/Diseno_inteligente.html#toc13er

Ruiz Rey, Fernando (Enero 8, 2017). La ciencia y la Teoría del Diseño Inteligente. OIACDI. También en Sección Libros de Darwin o Diseño Inteligente (OIACDI): http://www.darwinodi.com/libros/

Capítulo VI
Las leyes naturales no son equivalentes a las causas segundas responsables del desarrollo autónomo del mundo

Para la metafísica/teología tradicional Aristotélico-tomista (AT) el mundo naturalmente ha sido creado por Dios, una Creación *ex nihilo*, desde la nada, desde la no existencia. Para esta tradición metafísica, la Creación es abordable desde la filosofía y puede ser probada racionalmente; una muestra de ello son las pruebas de la existencia de Dios de Santo Tomás de Aquino. El tiempo es parte de la creación, por lo que no es posible demostrar racionalmente –desde su interior--, cuándo tuvo lugar la creación; según Santo Tomás esta es materia de fe. En el acto de Creación, Dios da el 'ser' a los entes que componen la realidad del mundo, y también los mantiene siendo lo que son por su 'naturaleza'; lo creado está en constante dependencia de su Creador. La acción creadora de Dios se describe como la "causa primera", para distinguirla de las "causas secundarias" establecidas por Dios en la constitución metafísica de los objetos naturales, y que son las responsables de los cambios y transformaciones que experimentan las cosas/objetos naturales. Esta distinción de causa primera y causas segundas separa la acción –directa-- de Dios: causa primera, de las acciones de las causas secundarias, también creadas y mantenidas por Dios, pero que funcionan con autonomía según su Voluntad. Esta conceptualización metafísica es uno de los argumentos más frecuentes esgrimidos por filósofos y teólogos para justificar su rechazo de la TDI.

La ciencia se mueve en el terreno del cambio y transformaciones naturales, su objeto son los movimientos de los entes creados, opera dentro de lo creado. El ser humano tiene la capacidad racional de acceder a estas causas secundarias, para conocerlas y manejarlas, y en ellas capitalizan las leyes naturales y las fuerzas elementales de la física. La causa primera y las causas secundarias actúan en forma separada, sin interferencia, pero están compenetradas y son compatibles. Si no se separaran en la esfera de sus acciones en el mundo, tendríamos que enfrentar la imposibilidad de la ciencia, todo estaría sometido a la acción directa omnipotente de Dios y de su voluntad; desaparecerían las causas secundas y sus regularidades. De manera que una de las razones por la que se postulan las causas segundas como responsables de las transformaciones de mundo es para salvaguardar la posibilidad de la ciencia; esta tesis no se consideró como un menoscabo del poder divino, sino que se concibió como un gesto positivo de Dios, que otorga autonomía a las cosas dándole la dignidad de ser causas de otras y de cooperar en la realización de sus designios. La autonomía que Aquino otorga a las causas segundas no significa independencia, Dios es su creador y las mantiene en su existencia; estas operan según la virtud de su Creador (Sto. T. A.; S c G. lll, 70: *…Y la virtud del agente inferior depende de la virtud que el agente superior, en cuanto que el agente superior da al agente inferior la virtud misma por la cual obra o se la conserva, o también la aplica para obrar…*) Además, para Sto. Tomás no tiene sentido crear cosas y no otorgarles efectos propios, esto significaría en última instancia rebajar su perfección, y la de su Creador.

Pero naturalmente estos autores aceptan la acción directa de Dios en el mundo para fenómenos puntuales como son los milagros y otras acciones relacionadas a la fe; pero en el curso regular de las transformaciones de los objetos naturales, reinan las causas secundarias. Esta tesis eliminaría la posibilidad de la TDI, no es aceptable que se postule una acción divina en el curso de la historia del universo para generar estructuras especificadas; esto significaría una transgresión de la separación metafísica de la causalidad divina. Es importante mencionar, como ya lo hicimos en el capítulo anterior, no todos los autores simpatizantes de la tradición aristotélico-tomista, apoyan esta objeción a la TDI. También es importante recordar, a propósito de esta crítica, que la TDI no entra en elaboraciones metafísicas de cómo, cuándo, por qué, y quién es el responsable de estas configuraciones inteligentes diagnosticadas en ciencia. Esta tesis solo las hace patentes, y permanece en el terreno de las evidencias científicas; la propuesta de la TDI constituye así, un genuino desafío para los paradigmas reinantes en ciencia y en metafísica.

De manera que el rechazo de la TDI por parte de la metafísica/teología AT, sea porque se considera que esta tesis no posibilita el acceso a la demostración racional de la existencia de Dios o, porque se estima que entra en aporías por sus supuestos mecanicistas o, sea por cualquier otra consideración teológica, deja como la única explicación viable --desde su postura metafísica/teológica-- la acción de las causas segundas (el poder causal, de los objetos naturales por su naturaleza). Esta visión filosófica se traduciría en el ámbito de las ciencias, en que las leyes naturales apoyadas en las cuatro fuerzas elementales de la naturaleza, que capitalizan en las causas eficientes, serían las únicas que eventualmente podrían explicar la génesis y funcionamiento de las estructuras teleológicas especificadas.

El problema que surge con este dictamen filosófico, es que las leyes naturales conocidas basadas en las cuatro fuerzas fundamentales de la física, no son equivalentes a las causas segundas, y poseen una acción muy simple, de un mero (+) y un (-), de un 'tira' y un 'empuja', al que no se le asigna ninguna finalidad o meta más allá de su acción inmediata; en la Revolución Científica del Siglo XVII se eliminaron la causa formal y la causa final de los objetos naturales. Con estas características tan rudimentarias, las leyes naturales son incapaces de dar cuenta de las estructuras especificadas que denotan acción inteligente en su configuración. Nos encontramos entonces en que de acuerdo a estos autores, la metafísica/teología AT es la disciplina que tendría la respuesta completa para las transformaciones de los objetos naturales, y la ciencia no tienen otra opción que esperar descubrir alguna ley natural que explique las estructuras especificadas, que ha de poseer la capacidad de configurar inteligentemente muchas cosas naturales; una esperanza ilusoria. Agrego que la insistencia de estos filósofos y teólogos en cobijarse en las causas segundas, es que, si aceptan otras intervenciones de Dios en el mundo natural, también implicaría que Dios no creó el mundo en forma adecuada o completa, y necesita de reparos a medio camino, lo que resulta humillante para la imagen de Dios Todopoderoso y Omnisciente. Este es un problema teológico serio –al menos para los autores que adscriben a esta interpretación de la Causalidad Divina--, porque la metafísica-teología tiene que asumir los hechos que le presenta la ciencia, como lo ejemplifica la TDI, si no quiere permanecer alienada, y convertirse en un impedimento para el progreso epistemológico.

Frente a esta impotencia de las leyes naturales, la ciencia mecanicista tradicional ha recurrido a las asociaciones atómico-moleculares fortuitas, que por puro azar darían origen a las estructuras esenciales para la aparición de la vida y su despliegue en el planeta. Esta explicación resulta fácil formularla, aunque se sepa que el azar no es ningún poder causal, pero es muy difícil de demostrarla empíricamente como lo exige la ciencia; hasta el momento no ha sido posible, y cada día es más clara su obvia imposibilidad; sin embargo se mantiene la esperanza, animada por el entusiasmo ideológico materialista de sus defensores. Tampoco resulta explicativo recurrir a conceptos como 'emergencia', que solo describen lo que sucede sin ninguna explicación causal --esencial en ciencia--, y esconden un reduccionismo materialista; o echar mano a procesos de 'auto-organización', que no explican de donde surge la acción organizadora que dirigiría los procesos naturales regidos por las miopes leyes físicas conocidas, este proceso también resulta en último término, un concepto meramente descriptivo y materialista.

En esta situación algunos adherentes a la metafísica/teología AT se instalan tranquilamente en las explicaciones metafísicas de la realidad y sus cambios, y adoptan una actitud de espera para que la ciencia solucione sus problemas, encontrando las fuerzas naturales ('causas eficientes') adecuadas que expliquen científicamente las estructuras complejas especificadas portadores de inteligencia biológica. Pero no todos aceptan esta pasividad y, empujados por el prestigio que tuvo la teoría neo-darwiniana hace unos decenios atrás, junto a la presión materialista de la cultura que influye indudablemente en la sobrevivencia de esta corriente, caen seducidos por esta teoría, combinándola con su creencia Teísta. Dios proveería la racionalidad para la auto-organización evolutiva del mundo que hace posible la aparición de la vida y su desarrollo; de este modo se constituye el llamado "Teísmo evolutivo", que veremos en más adelante.

Capítulo VII
Seducción del paradigma evolutivo

Hasta aquí me he concentrado en discutir los argumentos críticos de dos autores muy conocidos y representativos de la metafísica AT tradicionalmente ligada al catolicismo, incluyendo también el socorrido argumento de las "causas segundas" de esta metafísica, que también se encuentra en filósofos y teólogos del protestantismo, como razón del rechazo de la TDI. En lo que concierne a los intelectuales del grupo protestante, su reacción frente a la TDI no ha sido tan negativa y generalizada como en los sectores influidos por la metafísica AT. Los grupos más conservadores del protestantismo han aceptado la TDI como un hecho evidente de la Creación de Dios, y sus discusiones y polémicas se han centrado más en detalles y ajustes teológicos frente a la propuesta de esta tesis, que en una crítica a su validez. Los intelectuales protestantes menos conservadores han mostrado resistencia a la TDI y muchos han optado por un teísmo evolutivo. Revisaremos muy brevemente el movimiento conservador protestante conocido como Creacionismo.

En la corriente religiosa denominada Creacionismo se puede distinguir dos versiones, una que hace una lectura estricta y concreta del Génesis, defendiendo la edad de la Tierra como de solo seis a diez mil años

("Young Earth Creationism") (Creacionismo de Tierra Joven), y sosteniendo que Dios creó el mundo en seis días. La otra versión es más flexible en sus interpretaciones de la Biblia y se acerca a las opiniones científicas contemporáneas aceptando una edad de la Tierra, larga y prolongada ("Old Earth Creation"), con una acción divina de 'creación progresiva', esto es, de intervenciones puntuales de Dios en el curso de la historia del universo (Creacionismo progresivo o especial). Ambas versiones no tienen mayor dificultad en aceptar la detección científica de diseño de la TDI; para el Creacionismo, las estructuras biológicas especificadas de la TDI, no ofrecen un desafío especial, puesto que Dios es el creador de todo lo existente, lo que según estos adherentes a esta visión de la Biblia, la ciencia lo iría demostrando. El Creacionismo naturalmente no acepta la evolución neo-darwiniana –no-guiada--, pero es necesario señalar, muy particularmente para la vertiente del creacionismo de 'creación progresiva' o especial, que como en todas las corrientes teológico/religiosas hay variaciones en matices doctrinarios y distintos ajustes a los conocimientos científicos predominantes, incluso a algunos aspectos del evolucionismo; esta situación genera como es de figurar, disputas y controversias, y dificultades en el deslinde de ciencia y teología/religión, aunque las intervenciones divinas en la versión de "creación progresiva", se concentran principalmente en la codificación y recodificación de información en la naturaleza, para lo que las ciencias tradicionales no cuentan con un poder causal que los explique.

Muchos críticos de la TDI sostienen que esta tesis es básicamente una forma de 'creacionismo', lo que hace necesario en este artículo, disipar esta confusión. Como ya hemos señalado en el primer capítulo de esta serie, es claro que la TDI emerge y permanece en la ciencia tradicional, sin incurrir en elaboraciones de tipo metafísico/teológico; su propuesta de acción inteligente en las estructuras biológicas funcionales está firmemente anclada en observaciones empíricas, y permanece en el terreno científico, proveyendo nuevas avenidas para la investigación y comprensión de los fenómenos biológicos. En cambio, el movimiento Creacionista –particularmente el Creacionismo de la tierra joven--, es una doctrina que usa un marco de referencia inicial teológico/religioso, para confirmarlo con las evidencias empíricas, no es una propuesta netamente científica como la TDI.

Como hemos señalado, tanto sectores de adherentes a la metafísica/teología AT, como autores protestantes resistentes a aceptar la TDI, han escogido cobijarse en una combinación de teísmo y neo-darwinismo, que se conoce como Teísmo evolutivo (TE); una posición superficialmente cómoda que se acomoda a dos tesis básicamente incompatibles. A continuación haremos una corta revisión de las características del neo-darwinismo, para mostrar su carácter mecanicista/materialista, que resulta claramente contrastante con el teísmo basado en la creencia de un Dios Todopoderoso y Omnisciente, creador de todo lo existente de acuerdo a su Voluntad.

El paradigma evolutivo de la geología, expandido a la paleontología, a la física, a la cosmología y a la biología, junto con la experiencia vivida del tiempo histórico de los seres humanos, se ha transformado en el marco conceptual de referencia obligada para estudiar todos los aspectos de la realidad, aunque no sepamos, ni podamos explicar los detalles del cómo ocurren estos cambios, particularmente en el campo de la biología. La evolución en biología ha sido dominada por la explicación Neodarwiniana; esta tesis es mecanicista, analítica y materialista. Los mecanismos básicos propuestos originariamente por Darwin son las leves variaciones espontáneas y heredables observadas en los individuos, y la selección natural que filtra —selecciona--, estas variaciones, con lo que con el tiempo, se van generando nuevas especies de organismos. Esta explicación, en el siglo XX se refina incorporando la teoría genética que parte con Gregor Mendel, para explicar las variaciones espontáneas como mutaciones genéticas fortuitas (no-guiadas) —variaciones discretas--, y se agrega la 'teoría genética de poblaciones', responsable del flujo y combinaciones de genes en los diversos ambientes de vida; esta modificación del darwinismo clásico se pasa a llamar

"Neo-darwinismo" o "Teoría sintética de la evolución".

De manera que el movimiento evolutivo es no-guiado y ajeno a lo teleológico. Los organismos son concebidos como un conjunto de partes que se ordenan básicamente en forma fortuita, con lo desaparece la concepción funcional de organismo como una unidad teleológica, para pasar a ser una unidad mecánica generada por golpes del azar y ajuste al medio. La doctrina de la evolución Neo-darwiniana ha gozado de prestigio y credibilidad por varios decenios, nutrida esta popularidad por la ideología materialista que busca un bastión en ella, y en la ciencia tradicional (mecanicista). En los últimos lustros sin embargo, el avance imparable de la microbiología ha mostrado que las mutaciones genéticas tienen más bien un efecto deletéreo que constructivo, trastocando la información biológica que requiere una codificación bioquímica específica; y ha hecho evidente la creciente importancia de los factores epigenéticos en la expresión de la carga genética y en el ajuste al medio, y su repercusión en la herencia. Estos avances restan fuerza al predominio tradicional de lo genético, en el que se asientan los mecanismos neo-darwinianos. Hay que agregar además, la creciente conciencia de la complejidad organizada e integrada del funcionamiento biológico, que torna más inconcebible aún, la posibilidad de que los mecanismos básicos propuestos teórica y especulativamente por el neo-darwinismo, pudieran eventualmente ser demostrados fehacientemente por la ciencia.

Sin embargo, y a pesar de la obvia fragilidad de los fundamentos del neo-darwinismo, muchos teólogos y filósofos de distintas vertientes, se han arrimado a la aparente seducción de esta teoría, y de la ciencia mecanicista tradicional, para combinarla con su creencia teísta, que es patentemente ajena al mecanicismo materialista del neo-darwinismo. En el próximo capítulo revisaremos esta singular amalgama ecuménica de Neo-darwinismo y Teísmo, que ha cobrado una curiosa popularidad.

Capítulo VIII
El Teísmo evolutivo

La conciencia del desarrollo y cambio del mundo, especialmente de los seres vivos, no ha sido ajena a la teología, en este sentido se debe recordar a San Agustín que ya hablaba de "semillas durmientes" depositadas por Dios en los seres creados para que a su debido tiempo germinaran y se desarrollaran; y también a Santo Tomás de Aquino, que hemos visto con su tesis de las causas segundas para el desarrollo autónomo del mundo creado. Con la palabra evolución antes de Charles Darwin, se reconocían los complejos crecimientos y desarrollos vistos en la naturaleza, pero se consideraba que detrás de ellos estaba presente el *logos* creador –la mano de Dios--, por lo que tenían dirección y propósito. El concepto de evolución en términos modernos, con carácter materialista, aparece en el Siglo XIX bajo la influencia de la tesis darwiniana, que propone una cadena de cambios biológicos, no-guiados –fortuitos--, con mecanismos naturales, capaz de generar nuevas especies. La recepción de esta teoría por parte de la teología, fue controvertida, pero hubo autores que la aceptaron, aunque se resistieron a admitir la participación del azar.

No es el propósito de este capítulo revisar la historia de la relación del Teísmo con el Darwinismo, ni tampoco analizar las razones que han acercado estas dos tesis durante los últimos decenios, para generar esta curiosa amalgama de TE. Aunque me parece pertinente recalcar dos factores que pueden haber jugado un papel importante en esta emergencia. Uno es la exitosa presentación del Neodarwinismo como una teoría 'confirmada' definitivamente por la ciencia, lo que como hemos visto anteriormente, no es en modo alguno el caso; por lo contrario se van acumulando claras muestras de la falta de evidencia y de viabilidad de los mecanismos básicos que sostienen esta teoría. En este punto creo que es interesante señalar que se ha tratado de separar la 'ideologización' de esta teoría --"ideología Neodarwiniana"--, a nivel de la cultura en general –que es naturalmente rechazada por los teólogos, por su reduccionismo materialista--, de la ciencia propiamente tal de la teoría Neodarwiniana, que como dicho, se presenta como sustentada por la ciencia. Con esta separación de 'ideología' (filosofía) y de 'ciencia' Neodarwiniana se ha pretendido también disipar el materialismo ideológico que anida en el ámbito académico, y que contribuye a sostener la tesis Neodarwiniana en el campo científico. El otro factor es la agresividad mediática y 'política' del Neodarwinismo, ante la cual la teología parece haber cedido en su resistencia a esta teoría totalmente mecanicista, por el temor de ser tildada de opositora y enemiga de la ciencia; una situación en la que naturalmente no quiere verse enredada, particularmente por el manido y tergiversado caso de Galileo, que como es bien sabido, ha servido para ilustrar la supuesta oposición constitutiva de fe y ciencia.

Es oportuno recordar que con el vocablo evolución en biología se designan diferentes fenómenos. En un sentido amplio y general, el término evolución designa el mero cambio observado en los objetos naturales en el tiempo, incluyendo los seres vivos; y es plenamente aceptado por científicos y también por el público general. Un segundo sentido de este término, se refiere a la descendencia común de los seres vivos de uno, o de unos pocos seres iniciales; esto es, se apunta a una cadena de descendencia; esta acepción es bastante aceptada en el mundo científico, pero no en forma absoluta. Y, el tercer sentido se refiere al mecanismo que hace posible y mantiene esta cadena de seres vivos; esta es la tesis propuesta por el Neodarwinismo. Esta explicación Neodarwiniana se ha impuesto y goza de popularidad, aunque decrece por la conciencia creciente de la falta de soporte científico de los mecanismos básicos postulados para dar cuenta de la cadena de los organismos biológicos, o como se le designa en esta tesis, del "árbol de la vida"; esto es, las variaciones genéticas originadas fundamentalmente por mutaciones, y la selección natural. Como he ya mencionado, la idea general de evolución no es ajena al Teísmo, pero lo que se denomina hoy en día como Teísmo evolutivo, se ha ido comprometiendo más claramente con la evolución Neodarwiniana.

Agrego dos conceptos que es conveniente recordar a propósito de la evolución: "macroevolución" que se refiere a un cambio evolutivo de especiación, este fenómeno naturalmente no es observable, y no ha sido demostrado; y "microevolución" que se refiere a cambios observados dentro de una especie, como la resistencia a antibióticos de las bacteria, el desarrollo de diversos tipos de, perros, palomas, etc. con selección humana. Los cambios de la microevolución tienden a regresar a su forma inicial cuando se eliminan las condiciones ambientales que la desencadenaron, y muchas veces estos cambios entorpecen la vuelta a la vida natural de los organismos, como se ve en la microevolución generada por el hombre, ejemplo: maíz y otros organismos manipulados por los seres humanos. El paso de la microevolución a la macroevolución como lo postuló Darwin, naturalmente nunca se ha observado, ni se ha demostrado; y si se postula como posible, no pasa más allá de ser una especulación.

El teísmo evolutivo (TE) incorpora la propuesta del Neodarwinismo, pero sostiene que los procesos naturales son en última instancia creación de Dios, cuyo propósito es que la vida, particularmente los seres humanos dotados de conciencia, entren en relación con Dios. En otras palabras, Dios utilizaría los mecanismos postulados por la tesis Neodarwiniana, para explicar el despliegue de la vida en el planeta. Naturalmente tenemos un espectro de variaciones teológicas y filosóficas acerca de este proceso de Dios creador utilizando la evolución de la vida. En estas variaciones encontramos fundamentalmente en tiempos pasados, acercamientos arrimados a la concepción evolutiva cosmológica de Teilhard de Chardin, y otros más recientes y actuales, que sostienen específicamente que la doctrina del Neodarwinismo es perfectamente capaz de este despliegue vital, con la participación de la voluntad de Dios. No es el propósito de este trabajo revisar esta banda de matices teológico/filosóficos, pero es interesante señalar cómo en este sumergirse en lo evolutivo, algunos teólogos hablan de las leyes de la naturaleza como el *logos* de la racionalidad, y otros proponen que la teología cristiana debe reconstruirse siguiendo la biología evolutiva. Y más aún, otros correlacionan la Cristología con la biología evolutiva, Cristo asumiría toda la 'naturaleza' del hombre, incluso su evolución, los miembros del árbol de la vida, y las leyes de la naturaleza que lo hacen posible; de este modo Cristo asumiría la materia misma. No es necesario comentar que esta increíble mezcla de creatividad y de especulación genera un banquete para la discusión y el debate, y todo esto basado en el paradigma evolutivo, y muy particularmente en la idea que el Neodarwinismo es una tesis sólidamente confirmada por la ciencia.

En el próximo capítulo veremos brevemente algunos de los múltiples problemas que plantea la amalgama del Teísmo evolutivo para la teología.

Bibliografía:

Russell, Robert John (2013). Recent Theological Interpretations of Evolution.
http://www.tandfonine.com/doi/abs/10.1080/147467 00.2013.809947

Capítulo IX
Dificultades y problemas del Teísmo evolutivo

Lo que es claro de partida es que no resulta fácil compaginar en forma aceptable la amalgama de los constituyentes del Teísmo evolutivo (TE), por lo que no es extraño que algunos autores hayan tratado de conectar más específicamente sus componentes --el Teísmo y el Neodarwinismo--, para hacerlo más consistente. Así, algunos autores sugieren que Dios creó el mundo y cargó de información las partículas iniciales ("front-loaded"), para que en su debido tiempo en la evolución cósmica, formaran las estructuras esenciales para la aparición de la vida, y su despliegue. Otros autores en cambio, se inclinan a pensar que el Creador arregló la posición de las partículas iniciales de tal modo, que por sus propias acciones llegaran a generar el mundo que conocemos. Y otros teólogos más compenetrados en los enigmas de la física cuántica, proponen que la indeterminación, que según algunos de los intérpretes de esta teoría, se hace presente en su dinamia, generaría una 'indeterminación ontológica' que, envuelta en las mutaciones, permitiría la intervención de Dios en la evolución Neodarwiniana; se trataría de una intervención divina que se percibe como una 'causa secundaria' (Dios no estaría 'directamente interviniendo en el mundo'), pero que curiosamente se reconoce como dependiente del destino de la teoría cuántica, y de su interpretación. Estas mezclas de teología y ciencia resultan no solo altamente especulativas y a veces cándidas, sino que imposibles de demostrar, para ser convincentes en la perspectiva de la ciencia. Lo interesante del caso es que con estas explicaciones sus autores consideran que la TDI resulta innecesaria para explicar lo que no puede explicar la ciencia tradicional. También es curioso que se sostenga que Dios, a través de los mecanismos Neodarwinianos, genere las estructuras biológicas funcionales que no pueden ser explicadas por las leyes naturales conocidas, aún con la ayuda del azar; realmente en esta forma, se está proponiendo un milagro vestido de ciencia. Pero aún hay que mencionar otro grupo de filósofos que se presentan como adherentes al Teísmo evolutivo, pero que insisten que la teoría Neodarwiniana y sus mecanismos, son suficientes por sí mismos para explicar la complejidad especificada, y así la evolución de la vida; no aceptan la intervención, ni la guía de Dios en su teoría explicativa. Aclaro que estos intelectuales no son simpatizantes de la metafísica/teología AT, con las causas secundarias, Dios es simplemente remitido a un trasfondo vago cuya implicación en el mundo se sustenta mediante la mera fe de los creyentes; en este caso se escinde el conocimiento del mundo y la fe, para colocarlos en dos estancos separados. Esta corriente de la TE parece a veces, más que nada, una estrategia deliberada para atraer a creyentes incautos al Neodarwinismo.

Un agudo problema Teológico serio que enfrenta el Teísmo evolutivo es la presencia del 'Mal Físico': la muerte, el dolor, y el sufrimiento de los seres vivos, que   –según la teoría evolutiva Neodarwiniana, y cualquier teoría evolutiva que consulte un largo tiempo ("deep time")--, aparece en la tierra, antes de la "Caída de Adán y Eva". Tradicionalmente se ha considerado este episodio de la 'Caída de Adán y Eva'' como   el incidente causante de todo el Mal en el mundo, particularmente del Mal Moral causado por los seres humanos; aunque se debe mencionar que hay autores en el curso de la historia que pensaron que el Mal Físico, no fue precipitado por Adán y Eva. En todo caso, este problema del Mal Físico antes de los primeros seres humanos como lo postula el Neodarwinismo,   deja   a   Dios,   Benevolente, Todopoderoso y Omnisciente, en la engorrosa situación de ser el agente responsable del Mal Físico; pero aún más, esta tesis borra de la existencia de la Pareja Original y desaparece la Caída en el Pecado – Mal Moral--, puesto que el origen del hombre es evolutivo, y el egoísmo, la lucha, y la muerte son constitutivos de la evolución Neo-darwiniana; con esta tesis no existe una estructura objetiva del mal ni del   bien,   todo   es   ajuste   al   medio   para   la sobrevivencia. Además, con el Neo-darwinismo el cuerpo humano pierde el contacto directo con la creación de Dios, para ser una continuación evolutiva de lo animal, esto es muy grave particularmente para la tradición Judía, y abre paso a consecuencias morales inquietantes (eutanasia, aborto, etc.). Un insólito acomodo de algunos defensores del TE a este incómodo inconveniente del Mal Moral y Físico, es el argumento que explica que Dios 'no tuvo otra opción' que la de usar el Neodarwinismo –y la evolución cósmica--, si quería generar la vida y su despliegue en el planeta, respetando las leyes naturales que Él mismo creó. Dios tendría así una escusa, no sería el 'agente activo' inmediato causante del Mal, pero sí la evolución (biológica y cósmica) sería la causante directa del Mal Físico –y también del Mal Moral--, presentes desde antes de la llegada de nuestros Padres Originales; que, de acuerdo con el Neo-darwinismo simplemente no existieron. En esta perspectiva, la evolución mecanicista no-guiada vendría a ser como un nuevo demiurgo gnóstico, que reemplaza o, escusa al Dios Creador.

Qué Dios creó un mundo con estas supuestas leyes naturales, sin percatarse adecuadamente de las consecuencias nocivas de sus acciones, o excusándose con ellas, para lograr sus fines, no es algo fácil de asimilar; y no elimina su responsabilidad. Tampoco alivia la culpa de Dios el argumento que sostiene que Dios nunca desearía o haría un mal, específica y directamente a ningún ser determinado, concreto. Como tampoco es convincente que Dios en su infinito amor deja al hombre y al mundo un cierto grado de libertad con la evolución para que exploren posibilidades, ya no sería un mundo totalmente diseñado, controlado, y dirigido por Dios; esto es entendible para la libertad del hombre, pero la libertad y autonomía de la naturaleza para que sea claramente distinta de Dios con sus exploraciones – incluso para crearse a sí misma--, es verdaderamente ininteligible, y además abiertamente contradictorio, con la teología tradicional y con la Providencia. Un Dios con las características mencionadas –propias del Teísmo tradicional--, no teniendo "otra opción" que crear el mundo con sus leyes por él elegidas, supuestamente operando en la evolución y particularmente en el neodarwinismo para lograr sus fines, es realmente inconcebible; deja la imagen de Dios como un chambón, o un hipócrita, como un Dios lejano y frío, y no sin culpa frente al sufrimiento de los inocentes. Estas escusas utilizando el Neo-darwinismo (y evolución cósmica) como el agente directo de las crueldades del mundo, son simplemente escusas que no exoneran al responsable último de estas ocurrencias en el mundo: Dios. De manera que este tipo de explicaciones resultan difíciles –más bien imposibles--, de aceptar, aunque se nos invite a caminar en este mundo de desazón y dolor con la mirada fundamentalmente dirigida hacia el futuro – más que al pasado--, con la mirada puesta en Cristo, en espera de la "Nueva Creación" –lo que sin duda, sí es válido--, pero incoherente con la imagen de la divinidad proyectada por el TE. Las interpretaciones teológicas que enfrentan el problema del Mal físico, y la desaparición de la Pareja Original, acentúan el carácter del mundo como difícil y duro, en el que reina la muerte y el sufrimiento,   que los seres humanos deben vivir y soportar –lo que encaja muy bien con la evolución Neodarwiniana--; estos autores nos estimulan a vivir, eligiendo el Bien traído por Cristo --redención de Dios--, que con su Resurrección abre el camino a la "Nueva Creación". (Russell, RJ, 2013) En esta línea de pensamiento teológico, encontramos intelectuales que se inclinan a disminuir la doctrina de la Creación como algo 'secundario', y la doctrina de la Caída de Adán y Eva como sin importancia, para acomodarse de este modo al Neo-darwinismo --y al evolucionismo--, y enfatizan que Cristo nos salva de una creación fallida. Pero este problema del Mal físico y del Mal Moral en conexión con la evolución cósmica y particularmente con el neo-darwinismo es materia teológica y no de poca envergadura, lo mencionamos aquí solo para señalar esta seria dificultad, y las variadas explicaciones que se barajan para solucionarlo en el amplio espectro de autores envueltos en la TE, y en los círculos teológicos que enfrentan el reto que significa el evolucionismo en general (de tiempo astronómico), para la teología tradicional. (Richards, JW, 2010; y cols. Schönborn, C., 2007, pp 104-6)

En el próximo capítulo continuaremos revisando dos problemas que se presentan en la combinación de la TE, el problema del azar y las dificultades que surgen con las intervenciones de Dios en el mundo.

Bibliografía:

Richads, Jay W. (2010). God and Evolution: Protestants, Catholics, and Jews Explore Darwin's Challenge to Faith. Edited by Jay W. Richards. Discovery Institute Press.

Schönborn, Christoph, Cardinal (2007) *Fides, Ratio, Scientia.* The Debate About Evolution. En: Creation and Evolution. A Conference with Pope Benedict XVI. Ignatius Press. San Francisco.

Capítulo X
Confusión teológica en el Teísmo evolutivo

No es el propósito de este trabajo presentar los variados matices y énfasis que presentan la gama de teologías que enfrentan el 'desafío' de la TDI y se acercan al evolucionismo materialista, pero creo que es oportuno comentar otro aspecto complicado y significativo que surge con la asociación de Teísmo y Neodarwinismo. Me refiero al problema del azar, de lo fortuito del mecanismo no-guiado propuesto por el neodarwinismo para explicar la evolución. A una primera mirada, el azar parece claramente incompatible con el Teísmo que defiende un Dios Creador de todo lo existente, y por consecuencia, en esta perspectiva todo objeto natural es diseñado; todo está concatenado a fines, lo que es particularmente visible en los seres vivos. Por lo contrario, la tesis Neodarwiniana es muy clara en afirmar que los mecanismos que propone no consultan ninguna finalidad, los resultados son totalmente fortuitos y contingentes, al punto que si se volviera a repetir el proceso evolutivo, muy bien podría ocurrir que fuéramos completamente diferentes, o simplemente no existiéramos. De este modo, nada es diseñado con propósito específico, todo es una mera acumulación de materia aglutinada mecánicamente, de partes interactuando, sin una verdadera unidad orgánica ni meta, y sin destino alguno; el diseño que se pueda observar o intuir, es una mera apariencia de diseño: "teleonomía", un 'diseño sin diseñador'. No es necesario señalar que este mundo ensamblado mecánicamente en forma fortuita, con solo apariencia de diseño, funcionando con un automatismo mecánico sin sentido, no solo resulta anti intuitivo, sino que obviamente en él, desaparece la posibilidad de la importante V Prueba de la existencia de Dios de Sto. Tomás de Aquino. Pero a este serio problema de incompatibilidad de la teología que se genera cuando se amalgama con el Neodarwinismo, se le ha buscado un ajuste. Así Marie, George (2011;7:141) desde la Metafísica/teología AT - -distingue niveles ontológicos--, y nos dice que las pruebas de Aquino se realizan desde "...nuestro entendimiento general de cómo es la naturaleza..." "Nuestro conocimiento de la existencia o no existencia de Dios no sirve para asentar conclusiones particulares acerca de los variados rasgos y conductas específicas de las cosas vivas; es el conocimiento adquirido por la observación científica el que juega este rol." (La ciencia opera un nivel ontológico inferior) Y agrega esta autora: "...el punto básico es que las respuestas a preguntas filosóficas son a veces necesarias para responder preguntas biológicas." Parece claro entonces, que es la filosofía de la naturaleza, y particularmente la de corte AT con niveles ontológicos, la que ayuda a superar la incompatibilidad que nos ocupa, abriendo el mundo de la ciencia a la existencia de las causas finales en un nivel ontológico superior, y de este modo a Dios; el nivel de la ciencia es el estudio de la naturaleza creada *ex nihilo* –contingente--, que requiere de la observación empírica y de la experimentación, y está sujeta al naturalismo metodológico; en este nivel básico, habría que decir, se aceptaría incluso el azar, como lo propone el Neodarwinismo, convirtiéndolo en una parcela de vacío teleológico, y de irracionalidad (las cosas ocurren porque ocurren), desencajado de los niveles superiores. Las explicaciones de George están muy bien a nivel filosófico, pero el problema es que se trata específicamente del Neodarwinismo, que genera –supuestamente--, una visión "científica" de la realidad totalmente mecanicista –en la que Dios no interviene--, lo que no es compatible con la visión tradicional de la metafísica/teológica AT del mundo. Por lo que no es necesario comentar que esta vía apuntada por George, no será una vía muy transitada por los científicos actuales, en su mayoría escépticos o ateos; y si lo fuera --si lo improbable se tornara probable--, no dejaría de generar obvias contraposiciones en el conocimiento –y en la racionalidad--, de los distintos niveles ontológicos. Esta autora enfatiza acertadamente la necesidad de los biólogos en abrirse a la filosofía para responder preguntas que no se pueden resolver desde la perspectiva científica. Y curiosamente, al mismo tiempo, su propuesta ilustra las dificultades que implica esta importante tarea. El acoplamiento de la TE no es la respuesta que se necesita.

El azar es un fenómeno real para el Neodarwinismo, no es resultado de la ignorancia humana ni del juego de probabilidades; por estas características, esta tesis entra en conflicto, no solo con el Teísmo Judeo-Cristiano, sino que con todas las religiones desprendidas de la tradición de Abraham, con un Dios Creador y en total control de su Creación. Sin embargo, se argumenta que si el azar es una realidad para el hombre, no lo es para Dios que está en control de todo lo del mundo, es la Inteligencia Omnisciente. Dios opera en un nivel trascendente al mundo creado, su voluntad se hace presente en todos los niveles de la realidad, sin transgredir las leyes con que Él ha dotado a la naturaleza. Con este argumento se genera una perturbadora escisión entre el nivel divino del *logos* creador –la racionalidad suprema--, y el mundo en donde se encuentra un azar 'creador', una irracionalidad difícil de compaginar con el Teísmo tradicional. A nivel del mundo entonces, el azar es una realidad, la evolución no-guiada puede ocurrir, pero a un nivel superior –el de la Divinidad--, en el que no existe el azar, ni lo fortuito, la evolución del mundo y de la vida es totalmente guiada por la voluntad de Dios. George adscribiendo a esta creación de lo fortuito, cita el sistema inmunológico para demostrar la utilidad y alcance de lo que ocurre por azar. El sistema inmunológico –de defensa-- produce millones de células con especificidad inmunológica diferente, y este proceso es el producto de un barajar y recombinación de genes, realizadas al azar, fortuitamente; de esta manera, el organismo se defiende de muchos invasores que están constantemente evolucionando. Lo que no menciona la autora en este proceso, es que lo que baraja el azar es información biológica –genética--, con lo que se despliegan sus posibilidades, y esta información no es producto del azar. La información biológica radica en una complejidad estructural especificada para realizar funciones biológicas particulares, de manera que argumentar que lo que ocurre en el sistema inmunológico es puro azar no es correcto, y tampoco es efectivo que la evolución no-guiada, --al azar--, es una realidad comprobada. El mecanismo básico que propone la tesis neodarwiniana se sostiene fundamentalmente por las mutaciones que ocurren en los genes (por diversas causas físicas: metabólicas, infecciones, accidentalmente en la dinámica misma del material genético, etc.), y que supuestamente generarían variaciones genéticas con efectos fenotípicos con potencial de ser cernidos por la selección natural para el avance gradual de las especies. La concatenación de estos sucesos de mutación es física, está regida por las leyes naturales, no están guiados por una causa final; los posibles efectos beneficiosos que se postulan en esta teoría Neodarwiniana, no son 'buscados', su ocurrencia no es resultado de un proceso "guiado". Los genes contienen información biológica, y las mutaciones producen un desarreglo o pérdida de esa información, con disminución o destrucción de su función; las mutaciones no generan nueva información, más bien alteran la que existe en los genes. Las mutaciones no generan efectos fenotípicos beneficios significativos, sino más bien efectos deletéreos, incluso muerte. La complejidad especificada que soporta la información biológica no es posible que se genere por la mera acción de las leyes físicas conocidas; pensar lo contrario es caer en la irracionalidad. El azar --lo fortuito--, no crea nada genuinamente nuevo y productivo.

La intervención de Dios en el mundo --el cómo, el cuándo, y de qué tipo--, es tema de considerable discusión y debate en los círculos filosófico-teológicos; incluso algunos partidarios del TE, consideran simplemente que la intervención de Dios en el mundo después de la Creación, es 'desagradable' u 'ofensiva'. Pero es claro que no se puede aceptar la reducción de la participación de Dios en los destinos del mundo, a solo haber sido la 'causa primera' de todo lo existente, y de haber dotado a los objetos naturales creados, de propiedades y 'causas segundas' para su desenvolvimiento en forma autónoma; esta posición se acercaría a la concepción Deísta: Dios crea el mundo, y lo deja para que se desenvuelva por sí solo. En nuestra fe religiosa –y en las otras religiones monoteístas--, abundan los milagros de variado género, las respuestas de Dios a oraciones, y reconocemos con particular conciencia la Providencia de Dios, además de la generación de vida en la tierra y el alma de los seres humanos; estas intervenciones de Dios en el mundo no pueden ignorarse; de modo que Dios también interviene en el mundo más allá de las causas segundas autónomas. Causa primera y causas segundas, milagros, Providencia, y otras intervenciones de Dios en el mundo, son consideraciones de carácter metafísico/teológico, y son perfectamente razonables. Si nos atenemos a estos conceptos es admisible que puidiera haber una 'evolución' efectuada por las causas segundas que son parte de la estructura ontológica de los objetos creados, y conectados constantemente con la causa formal y la causa final; tienen finalidad y dirección. Se trataría de una evolución de tipo metafísico/teológico, una "Creación evolutiva". Pero esto no deja de generar dificultades a la teología, puesto que esta evolución crea en su curso complejidades novedosas, niveles ontológicos, más "ser", y el mundo no podría crear "ser", desde sí mismo, ni aún con las causas secundarias, esto es patrimonio de la causa primera. Sin embargo, esta dificultad se elimina postulando que Dios es el fundamento creador de la materia misma y puede potenciar sus propiedades –los efectos de las causas--, y así opera como una "causa trascendente", dirigiendo la 'evolución creativa' de una concepción teológica con causas secundarias; esta explicación, se hace extensiva también a la evolución mecanicista de la ciencia, de modo que esta evolución científica mecanicista, se llevaría a cabo por las leyes naturales y por la causa trascendente (Dios potenciando el rango de los efectos de las leyes naturales). Nuevamente se debe recalcar que existe una gran variedad y mezcla de concepciones metafísico-teológicas en los autores del mundo protestante y católico, con respecto a este tema de las intervenciones de Dios en el mundo. Una revisión detallada de estas variaciones escapa al propósito de este trabajo.

La situación de la ciencia tradicional mecanicista funciona como un sistema cerrado a influencias externas, aceptando solo explicaciones físicas, con leyes naturales que no son equivalentes a las causas segundas (aunque capitalicen en ellas); estas leyes naturales son repetitivas, simples y miopes, sin finalidad más allá de sus efectos específicos inmediatos; una evolución en base a estas leyes no tiene destino, son incapaces de generar las estructuras complejas especificadas, sustento de la información biológica indispensable para la vida y su despliegue. Simplemente, la ciencia tradicional es ajena a todas las intervenciones divinas externas, y en lo que se refiere al Neodarwinismo, este se postula como suficiente e independiente de ayuda divina para lograr sus resultados en base a variaciones genéticas de resultados fortuitos, y selección natural; y si se le acoplan las consideraciones metafísico/teológicas de intervención divina, como intenta el Teísmo evolutivo, sea por una hendija cuántica o por otra ruptura de la determinación del sistema físico, o como resultado de una disposición inicial del mundo por parte del Creador o, simplemente como un trasfondo de fe en el poder trascendente de Dios sobre su Creación, o como una --causalidad trascendente--, necesarios para la comprensión adecuada y completa de la realidad de un creyente, constituye –en el mejor de los casos-- una hipótesis que no se pruebe probar ni práctica ni teóricamente, no propia de la ciencia; se trataría de una explicación agregada e innecesaria para la ciencia propiamente tal –una mera creencia subjetiva--, y para el escepticismo y el ateísmo resulta una intrusión intolerable. También se ha propuesto que detrás de la irracionalidad de la evolución mecanicista del mundo se encuentra el *logos creador* con la primacía del *amor*, que se hace claro y evidente en los resultados de la evolución cósmica misma, con el logro de la racionalidad humana, abierta y sustentada por la racionalidad divina. Sin lugar a dudas esta es una interesante perspectiva para los creyentes, pero deja una isla de irracionalidad materialista en el seno de la ciencia tradicional que tiene mucho peso, ni tampoco deja claro el problema del Mal en el mundo que vimos anteriormente; esta teología que intenta adaptarse al evolucionismo moderno enfrenta espinudas dificultades, entre otros, una escisión del conocimiento y del entendimiento del mundo.

En el próximo y último capítulo termino esta serie de artículos con algunos comentarios que me parecen oportunos frente a la obstinada resistencia de la metafísica-teología a la TDI, y frente a la solución buscada por muchos filósofos y teólogos para enfrentar los problemas que les plantea la ciencia contemporánea: el arrimarse a la tesis Neo-darwiniana. Este acercamiento de teología y Neo-darwinismo se observa desde simple miradas de simpatías y acogimiento, hasta francos abrazos de aceptación.

Bibliografía:

George, Marie I (2011). The Biologist's Need for Philosophy as Seen through a Comparison of Aristotle's Views on Living Things with Those of Modern Biologists" En: Science and Faith with Reason; Creation, Life and Design. Chapter: 7. Jaume Navarro. MPG Books Group. UK. 2011.

Capítulo XI
Comentario final

La amalgama de Teísmo y Neodarwinismo que ha seducido a muchos intelectuales presenta serias dificultades e incongruencias como para ser la unidad coherente y orgánica que pretenden mostrar sus adherentes y defensores; de hecho tenemos distintos ensamblajes y diferentes acomodos, y acercamientos a la doctrina Neo-darwiniana, y al evolucionismo en general. Un problema que me parece particularmente preocupante es que este ajuste de la teología, que se realiza para adaptarse a los mecanismos concretos con que opera la propuesta Neodarwiniana –y sus consecuencias--, proyecta una imagen de Dios como impotente, sin control del proceso creador, descuidado y poco franco con el ser humano, siendo este, su creación máxima en esta tierra, por el cual envió a su Único Hijo para liberarlo de la tenaza del Mal. Un Dios limitado por una opción como la darwiniana, utilizando un procedimiento no-guiado totalmente mecánico y materialista, para lograr el origen y desarrollo de la vida, no parece propio de un Dios, Benevolente, Omnisciente y Todopoderoso. Pero estos son temas que pertenecen a la teología, que tiene la responsabilidad de presentar una visión de Dios consistente con la fe bíblica de un Dios personal, con el que el ser humano se pueda relacionar; una teología que enfrente con honestidad y valor los problemas que presenta la ciencia contemporánea con el paradigma evolutivo imperante, y reconozca con entereza y creatividad el desafío de la TDI, que señala un límite concreto a las posibilidades mecanicista-materialistas de la ciencia moderna.

El TE es un acoplamiento forzado de Teísmo y Neodarwinismo que parece más que nada un acomodo fácil a una situación de presión social, y no un esfuerzo genuino en búsqueda de correspondencia y complementariedad con la ciencia firmemente establecida, sino con una teoría que falla en sus fundamentos básicos (mutaciones genéticas de efectos beneficiosos y selección natural). El Neo-darwinismo sobrevive primariamente por ambiciones académicas e intereses ideológicos, y se ha convertido en una 'fe' que no requiere de evidencias, solo de especulaciones sin confirmación posible. Sin embargo, también es posible pensar que esta amalgama del TE es la expresión de una crisis profunda de la ciencia y de la metafísica/teología frente a las dificultades para explicar coherentemente los fenómenos del mundo; una situación que para superarla, requeriría cambios de paradigmas en ambos terrenos. Sea como sea, este híbrido --el TE--, es una triste situación que no solo daña a una teología precipitada en aceptar las 'verdades de la ciencia' del momento, sino que también afecta a la ciencia misma, al prestar apoyo y aprobación a una tesis con poco sustento, frenando de esta manera la exploración de nuevas posibilidades epistemológicas. Con respecto a este acercamiento de la Teología al Neo-darwinismo, pienso que es oportuno señalar que ha sido alentado por autores fuertemente influidos por el llamado "Nuevo ateísmo", que lucha abiertamente por la destrucción de todo lo 'sobrenatural' y de 'toda religión', para instaurar una sociedad 'racional', nutrida solo por los 'conocimientos científicos'. Este furibundo grupo de intelectuales ve en el Neo-darwinismo un arma corrosiva muy útil para sus propósitos, al debilitar y corroer los fundamentos de la tradición judeo-cristiana; estos autores presentan engañosamente al Neo-darwinismo como perfectamente compatible con esta tradición.

Ciertamente que la ciencia, y particularmente la biología, necesitan inevitablemente del complemento de la metafísica/teología para lograr una visión coherente y más completa del mundo en que vivimos, desgraciadamente esto no ha sucedido. Esta carencia se puede apreciar con la propuesta de la Tesis del Diseño Inteligente, basada en la ciencia y en la evidencia, que no recurre a conceptos metafísicos para pasar del nivel mecanicista de la ciencia tradicional, a la causalidad inteligente que explica la complejidad especificada de las estructuras biológicas funcionales; es importante recalcar que esta tesis no pretende explicar la vida, la conciencia ni el espíritu en el ser humano, solo la configuración inteligente de las estructuras teleológicas que hacen posible la información biológica y la vida. ¿Cómo es posible esta configuración inteligente en esas estructuras?, ese es el gran desafío que plantea la TDI a la ciencia y a la metafísica/teología. La TDI ha abierto una brecha altamente positiva para la ciencia tradicional en el campo de la biología, y plantea un genuino reto al paradigma de la ciencia tradicional de la naturaleza; desgraciadamente ha sufrido no solo la oposición cerrada de la ideología del mecanicismo materialista, sino que también ha encontrado la hostilidad y el rechazo de la metafísica/teología de una buena parte de los filósofos y teólogos actuales. Esta oposición, ha frenado el estudio y la exploración de las nuevas perspectivas que aporta la TDI para la biología y la ciencia en general. La TDI ha quebrado además, la tenaza materialista que se ha impuesto en las ciencias de la naturaleza, sin socavar la ciencia, ni crear caos epistemológico, sino más bien enriqueciéndola para entender y estudiar coherentemente los fenómenos biológicos que soportan la vida. Esperamos que esta situación cambie, y que la metafísica/teología de nuestro tiempo, clarifique la situación caótica en que se encuentra con respecto al evolucionismo, particularmente con el Neo-darwinismo; y que no se vuelva un obstáculo para el progreso del conocimiento humano, sino más bien, tome un rumbo positivo y productivo frente a las nuevas perspectivas que se han abierto en ciencia con la TDI, y las afronte con apoyo, valor y creatividad para complementar la generación de nuevos paradigmas para la ciencia y la cultura.

Agradezco a los visitantes que han llegado a este punto final, y espero que la lectura de esta serie les haya estimulado para continuar las reflexiones sobre estos interesantes e importantes temas que plantea la ciencia contemporánea. Como indiqué en el primer capítulo, me he centrado fundamentalmente en la metafísica/teología AT –especialmente en la primera parte de esta serie--, por su particular influencia en numerosos intelectuales, y porque tiene coincidencia en numerosos aspectos con teologías de vertientes diferentes a la corriente Neo-escolástica. Reconozco que el tema tratado es rico en matices, variaciones y en complejidad, que escapan a una revisión como la aquí presentada; confío sin embargo, que este esquema les sirva como introducción a estas materias que tienen tanta repercusión en la filosofía, la teología y la ciencia, y en la cultura de nuestra sociedad.